LES
POIDS & MESURES

DES

PRINCIPALES PLACES DE COMMERCE

DE L'EUROPE,

Réduits en Poids, Mesures & Argent

DE FRANCE,

Sur toute sorte de prix de Changes.

PREMIERE PARTIE.

Dans laquelle on trouve sans calculer le prix auquel revient l'Aune, ou la Canne, & la Livre pesant des marchandises qu'on peut tirer de toutes les Villes du Royaume.

AVEC

La maniere, de faire les operations par Regle.

Utile à tous les Marchands.

Par le Sieur G * * *

À PARIS,

Chez { Jacques Estienne, ruë S. Jacques, au coin de la ruë de la Parcheminerie, à la Vertu.

&

Jean-Baptiste-Claude Bauche le fils, Quay des Augustins, à saint Jean dans le Desert.

M. DCCXXVI.

Avec Approbation, & Privilege du Roy.

AVERTISSEMENT.

CE Traité des Poids & Mesures qu'on donne au Public est un des plus utiles qui ait paru.

On y trouve sans calculer le prix auquel revient l'Aune & la Livre de toutes les marchandises qu'on peut tirer ou envoyer dans les principales Villes du Royaume.

Pour que les calculs soient justes, on a été obligé de reduire les Aunes en Lignes, & les Livres en Grains.

Réduction des Aunes en Lignes.

L'Aune de	Paris &c.	a 3 pieds 8 ½ pouces ou 528 lignes.			
	Troyes	a 2	5	4 l.	352
	Amiens &c.	a 2	2	4 l.	316
LaCanne de	Marseille &c.	a 6	1	4 l	880
	Toulouse &c.	a 5	6		792

Réduction des Livres pesant en Grains.

La Livre de	Onces.	Gros.	Grains.
Paris	16	128	9216
Lyon	$13\frac{3}{4}$	110	7920
Rouen	$16\frac{3}{8}$	133	9576
La Rochelle	$16\frac{4}{25}$	129	9288
Marseille	13	104	.7488
Montpellier	$13\frac{1}{3}$	106	7680
Toulouse	$13\frac{14}{25}$	108	7779
Amiens	14	112	8064

Maniere de faire les operations des Aunes par Regle.

L'Aune d'une certaine marchandise coûte à Paris 100. liv. on demande à combien reviendra l'Aune d'Amiens.

Dites par une Regle de Trois,

Si 528. lignes dont l'Aune de Paris est composée coûtent 100.l. combien coûteront 316. lignes égales à l'Aune d'Amiens ?

La Regle faite on aura pour réponse 59. liv. 16. s. 11. den.
pour le prix de l'Aune d'Amiens ; ainsi qu'on le voit à la pre
miere Table des marchandises qui se vendent à l'Aune page 1
à la colonne d'Amiens.

CONTRAIRE.

L'Aune d'une certaine marchandise coûte à AMIENS 100. l.
on demande à combien reviendra l'Aune de PARIS.

Dites par Regle de Trois,

Si 316. lignes dont l'Aune d'Amiens est composée coutent 100. l.
combien coûteront 528. lignes égales à l'Aune de Paris ?
La Regle faite on aura pour reponse 167. liv. 1. s. 9. d. pour
le prix de l'Aune de Paris ; ainsi qu'on le voit à la deuxieme
Table des marchandises qui se vendent à l'Aune page 2 à la
colonne de Paris.

Maniere de faire les opérations des Livres pesant par Regle.

La livre d'une certaine marchandise coûte à PARIS 10. liv.
on demande à combien reviendra la Livre de Montpellier.

Dites par Regle de Trois,

Si 9216. Grains dont la Livre de PARIS est composée coûtent
10. liv. combien coûteront 7680. Grains qui composent
la Livre de Montpellier.
La Regle faite on aura pour réponse 8. liv. 5. s. 8. d. pour
le prix de la Livre de Montpellier ; ainsi qu'on le voit à la
premiere Table des marchandises qui se vendent à la Livre
pesant , page 7. à la colonne de Montpellier.

CONTRAIRE.

La Livre d'une certaine marchandise coûte à MONTPELLIER
10. liv. on demande à combien reviendra la Livre de PARIS.

Dites par Regle de Trois ,

Si 7680. Grains dont la Livre de Montpellier est composée
coûtent 10. liv. combien coûteront 9216. Grains qui
composent la Livre de Paris.
La Regle faite on aura pour réponse 12. livres pour
le prix de la Livre de Montpellier ; ainsi qu'on le voit à la
sixieme Table des marchandises qui se vendent à la Livre
pesant , page 12. à la colonne de Paris.

CATALOGUE
DES OUVRAGES

Que le Sieur GIRAUDEAU NEVEU *a donnez au Public, & de ceux qu'il donnera inceſſamment.*

IL A DONNÉ

LE Tarif general pour le CINQUANTIEME en Argent, lequel peut ſervir auſſi pour toute ſorte de rentes à deux pour cent ; avec les Edits, Declarations, Arrêts, Memoires & Reglemens concernant le Cinquantieme,   in 8°

LES ARBITRAGES de la France faits pour la Hollande, l'Angleterre, Hambourg, Geneve ; l'Eſpagne & l'Italie ; premiere & nouvelle Edition : la nouvelle calculée au rapport de 96. deniers de gros de Banque pour un Ecu de Change, ſur le cours preſent des Eſpeces en Eſpagne, & augmentée d'une colonne qui contient le prix auquel revient le Marc d'argent en France, proportionellement à tous les Changes, & de la maniere de faire les operations ; les deux Edit. enſemble, in 8°

LES POIDS & MESURES des principales Places de Commerce de l'Europe, réduits en Poids, Meſures & Argent de France ſur toute ſorte de prix de Change. *Premiere Partie ;* dans laquelle on trouve ſans calculer le prix auquel revient l'Aune & la Livre peſant des marchandiſes qu'on peut tirer de toutes les Villes du Royaume ; avec la maniere de faire les operations par Regle.

IL DONNERA INCESSAMMENT

LE GUIDE DES BANQUIERS DE L'EUROPE ; ou les Comptes faits en Monnoyes étrangeres pour quelques Lettres de Change que ce soit, tirées & négociées de l'une à l'autre des principales Places de Commerce de l'Europe : avec un nouveau Traité d'Arbitrages que l'on trouve fait à l'ouverture du Livre. *Sous presse.* 3. vol. in 4°

L'ECOLE DU COMMERCE de Terre, de Mer & de Banque, où l'on apprend à tenir en parties doubles les principaux Livres des Négocians, Banquiers, Armateurs & Directeurs des Manufactures : avec le modele des Ecritures que doit tenir une Compagnie. in 4°

LE COMMERCE EN DETAIL réduit en parties doubles ; ou Instruction generale de toutes les Ecritures que les Marchands en détail doivent tenir : avec le modele des Lettres qu'ils ont occasion d'écrire au sujet de leur négoce. in 8°

LES QUATRE SOLS pour Livre, calculez & ajoûtez exactement en un seul produit à toutes fortes de sommes, à commencer par un denier jusqu'à cent mil livres. in 4°

Outre les Ouvrages ci-dessus, & pour lesquels l'Auteur a obtenu des Privileges generaux, on se dispose à donner

LE COMMERCE GENERAL de la France, & LE STILE des Banquiers.

TABLE

Pour les marchandises qui se vendent à l'Aune.

Pour les marchandises qui se vendent à la Livre pesant.

MANIERE

Pour trouver le prix de l'Aune.

L'A u n e d'une certaine marchandis
coûte à Paris 80. liv. on demande à com
bien revient l'aune de Troyes ?

Cherchez à la page 1. la Table de Paris,
vous trouverez que l'aune de Paris à 80. liv
fait celle de Troyes , à 53. liv. 6. f. 8. den.

S'il se rencontroit que le prix connû fût
composé de 89. l. 15. sols,

on prendra pour $\begin{cases} 80. \text{ \& on aura } 53. l. & 6. f. & 8. d. \\ 9. & 6. \\ 15 & 10. \end{cases}$

89. 15.	59.	16.	8.

Le même exemple suffira pour les marchan-
dises qui se vendent à la livre pesant.

PREMIERE TABLE

Pour les marchandiſes, qui ſe vendent à l'Aune.

PARIS , LYON, ROUEN , BORDEAUX , LA ROCHELLE, NANTES &c.

L'Aune de Paris, Lyon, &c.	L'aune d'Amiens, Arras, & Lille.			La Canne de Marseille, Montpellier, Avignon &c.			La Canne de Toulouse, Carcassonne, &c.			L'Aune de Troyes		
	l	s	d	l	s	d	l	s	d	l	s	d
100	59	16	11	166	13	4	150	.	.	66	13	4
90	53	17	2	150	.	.	135	.	.	60	.	.
80	47	17	6	133	6	8	120	.	.	53	6	8
70	41	17	10	116	13	4	105	.	.	46	13	4
60	35	18	1	100	.	.	90	.	.	40	.	.
50	29	18	5	83	6	8	75	.	.	33	6	8
40	23	18	9	66	13	4	60	.	.	26	13	4
30	17	19	.	50	.	.	45	.	.	20	.	.
20	11	19	4	33	6	8	30	.	.	13	6	8
10	5	19	8	16	13	4	15	.	.	6	13	4
9	5	7	8	15	.	.	13	10	.	6	.	.
8	4	15	8	13	6	8	12	.	.	5	6	8
7	4	3	9	11	13	4	10	10	.	1	13	4
6	3	11	9	10	.	.	9	.	.	4	.	.
5	2	19	10	8	6	8	7	10	.	3	6	8
4	2	7	10	6	13	4	6	.	.	2	13	4
3	1	15	10	5	.	.	4	10	.	2	.	.
2	1	3	11	3	6	8	3	.	.	1	6	8
1	.	11	11	1	13	4	1	10	.	.	13	4
15 ſ	.	8	11	1	5	.	1	2	6	.	10	.
10	.	5	11	.	16	8	.	15	.	.	6	8
5	.	2	11	.	8	4	.	7	6	.	3	4
4	.	2	4	.	6	8	.	6	.	.	2	8
3	.	1	9	.	5	.	.	4	6	.	2	.
2	.	1	2	.	3	4	.	3	.	.	1	4
1	.	.	7	.	1	8	.	1	.	.	.	8

SECONDE TABLE

Pour les marchandises qui se vendent à l'Aune.

AMIENS, ARRAS & LILLE.

L'Aune d'Amiens, Arras, & Lille.	L'Aune de PARIS, Lyon, &c.			La Canne de Marseille, Montpellier, Avignon, &c.			La Canne de Toulouse, Carcassonne, &c.			L'Aune de Troyes.		
	l	ſ	d	l	ſ	d	l	ſ	d	l	ſ	d
100 l.	167	1	9	278	9	7	250	12	7	111	7	10
90	150	7	6	250	12	7	225	11	3	100	5	
80	133	13	4	222	15	8	200	10	1	89	2	3
70	116	19	2	194	18	8	175	8	9	77	19	6
60	100	5		167	1	9	150	7	6	66	16	8
50	83	10	10	133	4	9	125	6	3	55	13	11
40	66	16	8	111	7	10	100	5		44	11	1
30	50	2	6	83	10	10	75	3	9	33	8	4
20	33	8	4	55	13	11	50	2	6	22	5	6
10	16	14	2	27	16	11	25	1	3	11	2	9
9	15		9	25	1	2	22	11	1	10		5
8	13	7	4	22	5	6	20	1		8	18	2
7	11	13	11	19	9	10	17	10	10	7	15	11
6	10		6	16	14	1	15		9	6	13	7
5	8	7	1	13	18	5	12	10	7	5	11	4
4	6	13	8	11	2	9	10		6	4	9	1
3	5		3	8	7		7	10	4	3	6	9
2	3	6	10	5	11	4	5	1	3	2	4	6
1	1	13	5	2	15	8	2	10	1	1	2	3
15 ſ	1	5		2	1	9	1	17	6		16	7
10		16	8	1	7	10	1	5			11	1
5		8	4		13	11		12	6		5	6
4		6	8		11	1		10			4	5
3		5			8	4		7	6		3	3
2		3	4		5	6		5			2	2
1		1	8		2	9		2	6		1	1

TROISIEME TABLE

Pour les marchandiſes qui ſe vendent à l'Aune.

MARSEILLE, MONTPELLIER, & AVIGNON.

La Canne de Marſeille, Montpellier, Avignon &c.	L'Aune de Paris, Lyon, &c.			L'Aune d'Amiens, Arras, & Lille.			La Canne de Toulouſe, Carcaſſonne, &c.			L'Aune de Troyes.		
100l	60l	ſ	d	35l	18ſ	2d	90l	ſ	d	43l	8ſ	2d
90	54	·	·	32	6	4	81	·	·	39	1	4
80	48	·	·	28	14	6	72	·	·	34	14	6
70	42	·	·	25	2	8	63	·	·	30	7	8
60	36	·	·	21	10	10	54	·	·	26	·	10
50	30	·	·	17	19	1	45	·	·	21	14	1
40	24	·	·	14	7	3	36	·	·	17	7	3
30	18	·	·	10	15	5	27	·	·	13	·	5
20	12	·	·	7	3	7	18	·	·	8	13	7
10	6	·	·	3	11	9	9	·	·	4	6	9
9	5	8	·	3	4	6	8	2	·	3	18	·
8	4	16	·	2	17	4	7	4	·	3	9	4
7	4	4	·	2	10	2	6	6	·	3	·	8
6	3	12	·	2	3	·	5	8	·	2	12	·
5	3	·	·	1	15	10	4	10	·	2	3	4
4	2	8	·	1	8	8	3	12	·	1	14	8
3	1	16	·	1	1	6	2	14	·	1	6	·
2	1	4	·	·	14	4	1	16	·	·	17	4
1	·	12	·	·	7	2	·	18	·	·	8	8
15ſ	·	9	·	·	5	4	·	13	6	·	6	6
10	·	6	·	·	3	7	·	9	·	·	4	4
5	·	3	·	·	1	9	·	4	6	·	2	1
4	·	2	4	·	1	·	·	3	7	·	1	8
3	·	1	9	·	·	9	·	2	8	·	1	3
2	·	1	2	·	·	6	·	1	9	·	·	10
1	·	·	7	·	·	3	·	·	10	·	·	5

QUATRIEME TABLE

Pour les marchandiſes qui ſe vendent à l'Aune.

TOULOUSE, CARCASSONNE, &c.

La Canne de Toulouſe, Carcaſſonne, &c.	L'Aune de Paris, Lyon, &c.			L'Aune d'Amiens, Arras, & Lille.			La Canne de Marſeille, Montpellier, Avignon, &c.			L'Aune de Troyes.		
	l	ſ	d	l	ſ	d	l	ſ	d	l	ſ	d
100 l	66	13	4	39	17	11	111	2	2	44	8	3
90	60			35	18	1	99	19	11	39	19	5
80	53	6	8	31	18	4	88	17	8	35	10	7
70	46	13	4	27	18	6	77	15	6	31	1	9
60	40			23	18	9	66	13	3	26	12	11
50	33	6	8	19	18	11	55	11	1	22	4	1
40	26	13	4	15	19	2	44	8	10	17	15	3
30	20			11	19	4	33	6	7	13	6	5
20	13	6	8	7	19	7	22	4	5	8	17	7
10	6	13	4	3	19	9	11	2	2	4	8	9
9	6			3	11	9	9	19	11	3	19	10
8	5	6	8	3	3	9	8	17	8	3	11	
7	4	13	4	2	15	9	7	15	6	3	2	1
6	4			2	7	10	6	13	3	2	13	3
5	3	6	8	1	19	10	5	11	1	2	4	4
4	2	13	4	1	11	10	4	8	10	1	15	6
3	2			1	3	11	3	6	7	1	6	7
2	1	6	8		15	11	2	4	5		17	9
1		13	4		7	11	1	2	2		8	10
15 ſ		10			5	11		16	7		6	7
10		6	8		3	11		11	1		4	5
5		3	4		1	11		5	6		2	2
4		2	8		1	7		4	5		1	9
3		2			1	2		3	4		1	3
2		1	4			9		2	2			10
1			8			4		1	1			5

CINQUIEME TABLE

Pour les marchandises qui se vendent à l'Aune.

TROYES en Champagne.

L'Aune de Troyes.	L'Aune de Paris, Lyon, &c.			L'Aune d'Amiens, Arras, & Lille.			La Canne de Marseille, Montpellier, Avignon &c.			La Canne de Toulouse, Carcassonne, &c.		
	l	s	d	l	s	d	l	s	d	l	s	d
100 l.	150			89	15	5	250			225		
90	135			80	15	10	225			202	10	
80	120			71	16	4	200			180		
70	105			62	16	9	175			157	10	
60	90			53	17	3	150			135		
50	75			44	17	8	125			112	10	
40	60			35	18	2	100			90		
30	45			26	18	7	75			67	10	
20	30			17	19	1	50			45		
10	15			8	19	6	25			22	10	
9	13	10		8	1	6	22	10		20	5	
8	12			7	3	7	20			18		
7	10	10		6	5	7	17	10		15	15	
6	9			5	7	8	15			13	10	
5	7	10		4	9	9	12	10		11	5	
4	6			3	11	9	10			9		
3	4	10		2	13	10	7	10		6	15	
2	3			1	15	10	5			4	10	
1	1	10			17	11	2	10		2	5	
15 s.	1	2	6		13	5	1	17	6	1	13	
10		15			8	11	1	5		1	2	
5		7	6		4	5		12	6		11	
4		6			3	7		10			9	
3		4	6		2	8		7	6		6	9
2		3			1	9		5			1	6
1		1	6			10		2	6		2	3

PREMIERE TABLE.

Pour les marchandiſes qui ſe vendent à la Livre peſant.

PARIS, BORDEAUX, BESANÇON, STRASBOURG.

Paris.	Lyon.	Rouen.	LaRochelle.	Marſeille.	Montpellier.	Toulouſe.	Amiens.
10 l	8l 11ſ 10d	10l 7ſ 9d	10l 1ſ 6d	8l 2ſ 6d	8l 6ſ 8d	8l 8ſ 9d	8l 15ſ d
9	7 14 7	9 6 11	9 1 4	7 6 3	7 10	7 11 10	7 17 6
8	6 17 5	8 6 2	8 1 2	6 10	6 13 4	6 15	7
7	6 3	7 5 5	7 1	5 3 9	5 16 8	5 18 1	6 2 6
6	5 3 1	6 4 7	6 10	4 17 6	5	5 1 3	5 5
5	4 5 11	5 3 10	5 9	4 1 3	4 3 4	4 4 4	4 7 6
4	3 8 8	4 3 1	4 7	3 5	3 6 8	3 7 6	3 10
3	2 11 6	3 2 3	3 5	2 8 6	2 10	2 10 7	2 12 6
2	1 14 4	2 1 6	2 3	1 12 6	1 13 4	1 13 9	1 15
1	17 2	1 9	1 1	16 3	16 8	16 10	17 6
15	12 10	15 6	15	12 1	12 6	12 7	13 1
10	8 7	10 4	10	8 1	8 4	8 5	8 9
5	4 3	5 2	5	4	4 2	4 2	4 4
4	3 5	4 1	4	3 3	3 4	3 4	3 6
3	2 6	3	3	2 5	2 6	2 6	2 7
2	1 8	2	2	1 7	1 8	1 8	1 9
1	10	1	1	9	10	10	10

EXPLICATION. La premiere colonne contient le prix de la Livre peſant à PARIS, les autres colonnes contiennent le prix auquel revient la LIVRE des Villes dont les noms ſont au haut des colonnes.

DEUXIEME TABLE

Pour les marchandises qui se vendent à la Livre pesant.

LYON.

Lyon	Rouen	La Rochelle	Marseille	Montpellier	Toulouse	Amiens	Paris
10 l	12 l 11 s 9 d	11 l 14 s 6 d	9 l 9 s 1 d	9 l 13 s 11 d	9 l 16 s 5 d	10 l 3 s 7 d	11 l 12 s 8 d
9	10 17 6	10 11	8 10 2	8 14 6	8 16 9	9 3 2	10 9 4
8	9 13 4	9 7 7	7 11 3	7 15 1	7 17 1	8 2 10	9 6 1
7	8 9 2	8 4 1	6 12 4	6 15 8	6 17 5	7 2 6	8 2 10
6	7 5	7 8	5 13 5	5 16 4	5 17 10	6 2 1	6 19 7
5	6 10	5 17 3	4 14 6	4 16 11	4 18 2	5 1 9	5 16 4
4	4 16 8	4 13 9	3 15 7	3 17 6	3 18 6	4 1 5	4 13
3	3 12 6	3 10 4	2 16 8	2 18 2	2 18 11	3 1 1	3 9 9
2	2 8 4	2 6 10	1 17 9	1 18 9	1 19 3	2 0 8	2 6 6
1	1 4 2	1 3 5	18 10	19 4	19 7	1 0 4	1 3 3
15	18 1	17 6	14 1	14 6	14 7	15 3	17 5
10	12 1	11 8	9 5	9 8	9 9	10 2	11 7
5	6	5 10	4 8	4 10	4 10	5 1	5 9
4	4 10	4 8	3 9	3 10	3 6	4	4 7
3	3 7	3 6	2 9	2 10	2 7	3	3 5
2	2 5	2 4	1 10	1 11	1 9	2	2 3
1	1 2	1 2	11	11	10	1	1 1

EXPLICATION. La premiere colonne contient le prix de la Livre pesant à LYON ; les autres colonnes contiennent le prix auquel revient la Livre des Villes dont les noms sont au haut des colonnes.

TROISIEME TABLE
Pour les marchandises qui se vendent à la Livre pesant
ROUEN.

Rouen.	La Rochelle.			Marseille.			Montpellier.			Toulouse.			Amiens.			Paris.			Lyon.		
10 l	9 l	13 s	11 d	7 l	16 s	4 d	8 l	4 s	d	8 l	2 s	4 d	8 l	8 s	5 d	9 l	12 s	6 d	8 l	5 s	4 d
9	8	14	6	7		8	7	7	7	7	6	1	7	11	6	8	13	3	7	8	9
8	7	15	1	6	5		6	11	2	6	9	10	6	14	8	7	14		6	12	3
7	6	15	8	5	9	5	5	14	9	5	13	7	5	17	10	6	14	9	5	15	8
6	5	16	4	4	3	9	4	18	4	4	17	4	5	1		5	15	6	4	19	2
5	4	16	11	3	18	2	4	2		4	1	2	4	4	2	4	16	3	4	2	8
4	3	17	6	3	2	6	3	5	7	3	4	11	3	7	4	3	17		3	5	1
3	2	18	2	2	6	10	2	9	2	2	8	8	2	10	6	2	17	9	2	8	7
2	1	18	9	1	11	3	1	12	9	1	11	5	1	13	8	1	18	6	1	12	
1		19	4		15	7		16	4		16	2		16	10		19	3		16	6
15 s		14	6		11	7		12	3		12	1		11	7		14	5		12	4
10		9	8		7	9		8	2		8	1		8	5		9	7		8	3
5		4	10		3	10		4	1		4			4	2		4	9		4	1
4		3	10		3	1		3	3		3	2		3	4		3	10		3	3
3		2	10		2	3		2	5		2	4		2	6		2	10		2	5
2		1	11		1	6		1	7		1	7		1	8		1	11		1	7
1			11			9			9			9			10			11			9

EXPLICATION. La première colonne contient le prix de la Livre pesant à ROUEN ; les autres colonnes contiennent le prix auquel revient la Livre des Villes dont les noms sont au haut des colonnes.

QUATRIEME TABLE
Pour les marchandises qui se vendent à la Livre pesant.
LA ROCHELLE.

La Rochelle	Marseille			Montpellier			Toulouse			Amiens			Paris			Lyon			Rouen		
	l	s	d	l	s	d	l	s	d	l	s	d	l	s	d	l	s	d	l	s	d
10l	8	1	2	8	5	4	8	7	6	8	13	7	9	18	5	8	10	6	10	6	2
9	7	5		7	8	9	7	10	9	7	16	2	8	18	6	7	13	5	9	5	6
8	6	8	11	6	12	3	6	14		6	18	10	7	18	8	6	16	5	8	4	11
7	5	12	9	5	15	8	5	17	3	6	1	6	6	18	10	5	19	4	7	4	3
6	4	16	3	4	19	2	5		6	5	4	1	5	19		5	2	3	6	3	8
5	4		7	4	2	8	4	3	9	4	6	9	4	19	2	4	5	3	5	3	1
4	3	4	5	3	6	1	3	7		3	9	5	3	19	4	3	8	2	4	2	5
3	2	8	4	2	9	7	2	10	3	2	12		2	19	6	2	11	1	3	1	10
2	1	12	2	1	18		1	13	6	1	14	8	1	19	8	1	14	1	2	1	2
1		16	1		16	6		16	9		17	4		19	10		17		1		7
15		12	9		12	4		14	6		13			13	10		12	9		15	5
10		8	6		8	3		8	4		8	8		9	11		8	6		10	3
5		4	3		4	1		4	2		4	4		4	11		4	3		5	1
4		3	2		3	6		3	4		3	3		3	11		3	2		4	1
3		2	4		2	7		2	6		2	5		2	11		2	4		3	
2		1	7		1	9		1	8		1	7		1	11		1	7		2	
1			9			10			10			9		1	1			9		1	

EXPLICATION. La premiere colonne contient le prix de la Livre pesant à LA ROCHELLE ; les autres colonnes contiennent le prix auquel revient la Livre des Villes dont les noms sont au haut des colonnes.

CINQUIEME TABLE
Pour les marchandifes qui fe vendent à la Livre pefant.
MARSEILLE.

Marſeille.	Montpellier.			Touloufe.			Amiens			Paris.			Lyon.			Rouen.			La Rochelle.		
10l	10l	5f	1d	10l	7f	9d	10l	15f	4d	12l	6f	1d	10	11f	6d	12l	15f	9d	12l	8f	d
9	9	4	6	9	6	11	9	13	9	11	1	5	9	10	4	11	10	2	11	3	2
8	8	4		8	6	2	8	12	3	9	16	10	8	9	2	10	4	7	9	18	4
7	7	3	6	7	5	5	7	10	8	8	12	3	7	8		8	19		8	13	7
6	6	3		6	4	7	6	9	2	7	7	7	6	6	10	7	13	5	7	8	9
5	5	2	6	5	3	10	5	7	8	6	3		5	5	9	6	7	10	6	4	
4	4	2		4	3	1	4	6	1	4	18	5	4	4	7	5	2	3	4	19	2
3	3	1	6	3	2	3	3	4	7	3	13	9	3	3	5	3	16	8	3	14	4
2	2	1		2	1	6	2	3		2	9	2	2	2	3	2	11	1	2	9	7
1	1		6	1		9	1	1	6	1	4	7	1	1	1	1	5	6	1	4	9
15	15	4		15	6		16	1		18	5		15	9		19	1		18	6	
10	10	3		10	4		10	9		12	3		10	6		12	9		12	4	
5	5	1		5	2		5	4		6	1		5	3		6	4		6	2	
4	4	1		4	1		4	3		4	11		4	2		5	1		4	11	
3	3			3	1		3	1		3	8		5	1		3	9		3	8	
2	2			2			2	1		2	5		2	1		2	6		2	5	
1	1			1			1			1	2		1			1	3		1	2	

EXPLICATION. La premiere colonne contient le prix de la Livre pefant à MARSEILLE ; les autres colonnes contiennent le prix auquel revient la Livre des Villes dont les noms font au haut des colonnes.

SIXIEME TABLE

Pour les marchandises qui se vendent à la Livre pesant.
MONTPELLIER.

Montpellier	Toulouse			Amiens		Paris			Lyon			Rouen			La Rochelle			Marseille		
10l	10l	2ſ	7d	10l	10ſ	12l	ſ	d	10l	6ſ	3d	12l	9ſ	4d	12l	1ſ	10d	9l	15ſ	d
9	9	2	3	9	9	10	16		9	5	7	11	4	4	10	17	7	8	15	6
8	8	2		8	8	9	12		8	5		9	19	5	9	13	5	7	16	
7	7	1	9	7	7	8	8		7	4	4	8	14	6	8	9	3	6	16	6
6	6	1	6	6	6	7	4		6	3	9	7	9	7	7	5	1	5	17	
5	5	1	3	5	5	6			5	3	1	6	4	8	6		11	4	17	6
4	4	1		4	4	4	16		4	2	6	4	19	8	4	16	8	3	18	
3	3		9	3	3	3	12		3	1	10	3	14	9	3	12	6	2	18	6
2	2		6	2	2	2	8		2	1	3	2	9	10	1	8	4	1	19	
1	1		3	1	1	1	4		1		7	1	4	11	1	4	2		19	6
15		15	2		15		18			15	5		18	8		18	1		14	7
10		10	1		10		12			10	3		12	5		12	1		9	9
5		5			5		6			5	1		6	2		6			4	10
4		4			4		4	9		4	1		4	11		4	10		3	10
3		3			3		3	7		3			3	8		3	7		2	11
2		2			2		2	4		2			2	5		2	5		1	11
1		1			1		1	2		1			1	2		1	2			11

EXPLICATION. La premiere colonne contient le prix de la Livre pesant à MONTPELLIER ; les autres colonnes contiennent le prix auquel revient la Livre des Villes dont les noms sont au haut des coloones.

SEPTIEME TABLE
Pour les. marchand·fes qui fe vendent à la Livre pefant.
TOULOUSE.

l. l'u.	marc.			Paris			Lyon.			Reuen.			la Roch..			arf...l			...er.		
10l	10l	7s	3d	11l	16s	11d	10l	3s	7d	12l	6s	2d	11l	18s	9s	9l	12s	6d	9l	17s	5d
9	9	6	6	10	13	2	9	3	2	11	1	6	10	14	10	8	13	3	8	17	8
8	8	5	9	9	9	6	8	2	10	9	16	11	9	11		7	14		7	17	11
7	7	5		8	5	10	7	2	6	8	12	3	8	7	1	6	14	9	6	18	2
6	6	4	4	7	2	1	6	2	1	7	7	8	7	3	3	5	15	6	5	18	5
5	5	3	7	5	18	5	5	1	9	6	3	1	5	19	4	4	16	3	4	18	8
4	4	2	10	4	14	9	4	1	5	4	18	5	4	15	6	3	17		3	18	11
3	3	2	2	3	11		3	1		3	13	10	3	11	7	2	17	9	2	19	2
2	2	1	5	2	7	4	2		8	2	9	2	2	7	9	1	18	6	1	19	5
1	1		8	1	3	8	1		4	1	4	7	1	3	10		19	3		19	8
15		15	6		17	9		15	3		18	5		17	10		14	5		14	9
10		10	4		11	10		10	2		12	3		11	11		9	7		9	10
5		5	2		5	11		5	1		6	1		5	11		4	9		4	11
4		4	1		4	8		4			4	11		4	9		3	10		3	11
3		3	1		3	6		3			3	8		3	6		2	10		2	11
2		2			2	4		2			2	5		2	4		1	11		1	11
1		1			1	2		1			1	2		1	2			11			11

EXPLICATION. La premiere colonne contient le prix de la Livre pefant à TOULOUSE ; les autres colonnes contiennent le prix auquel revient la Livre des Villes dont les noms font au haut des colonnes.

HUITIEME TABLE

Pour les marchandises qui se vendent à la Livre pesant.
AMIENS.

Amiens.	Paris.			Lyon.			Rouen.			La Rochelle.			Marseille.			Montpellier.			Toulouse.		
10	8l	15l	d	9l	16l	5d	11l	17l	6d	11l	10l	4d	9l	5l	8d	9l	10l	5d	9l	12l	11d
9	7	17	6	8	16	9	10	13	9	10	7	3	8	7	1	8	11	4	8	13	7
8	7			7	17	1	9	10		9	4	3	7	8	6	7	12	4	7	14	4
7	6	2	6	6	17	5	8	6	3	8	1	2	6	9	11	6	13	3	6	15	
6	5	5		5	17	10	7	2	6	6	18	2	5	11	4	5	14	3	5	16	9
5	4	7	6	4	18	2	5	18	9	5	15	2	4	12	10	4	15	2	4	17	5
4	3	10		3	18	6	4	15		4	12	1	3	14	3	3	16	2	3	18	2
3	2	12	6	2	18	11	3	11	3	3	9	1	2	15	8	2	17	1	2	18	10
2	1	15		1	19	3	2	7	6	2	6		1	17	1	1	18	1	1	19	7
1		17	6		19	7	1	3	9	1	3			18	6		19			19	3
15		13	1		14	8		17	9		17	3		13	10		14	3		14	5
10		8	9		9	9		11	10		11	6		9	3		9	6		9	7
5		4	4		4	10		5	11		5	9		4	7		4	9		4	9
4		3	6		3	11		4	9		4	7		3	8		3	9		3	7
3		2	7		2	11		3	6		3	5		2	9		2	9		2	8
2		1	9		1	11		2	4		2	3		1	10		1	10		1	9
1			10			11		1	2		1	1			11			11			10

EXPLICATION. La premiere colonne contient le prix de la Livre pesant à AMIENS ; les autres colonnes contiennent le prix auquel revient la Livre des Villes dont les noms sont au haut des colonnes.

APPROBATION.

VU par l'ordre de Monseigneur le Garde des Sceaux le 12. Mars 1726.

Signé SAURIN.

PRIVILEGE DU ROY.

LOUIS par la Grace de Dieu Roy de France & de Navarre A nos amés & feaux Conseillers les Gens tenans nos Cours de Parlement , Maîtres des Requêtes ordinaires de notre Hôtel , Grand-Conseil , Prevôt de Paris , Baillifs , Senechaux , leurs Lieutenans Civils & autres nos Justiciers qu'il appartiendra , SALUT. Notre bien amé le Sieur GIRAUDEAU NEVEU , Nous aiant fait exposer qu'il souhaiteroit faire imprimer & donner au Public un Ouvrage de sa composition qui a pour titre : *Les Poids & Mesures des principales Places de Commerce de l'Europe , reduits en Poids , Mesures & Argent de France , sur toute sorte de prix de Changes* Mais craignant que d'autres personnes ne voulussent profiter du fruit de son travail , ce qui lui feroit un tort considerable , il Nous auroit pour cet effet fait supplier de vouloir bien lui accorder nos Lettres de Privilege sur ce nécessaires, offrant pour cet effet de le faire imprimer en bon papier & en beaux caracteres suivant la feuille imprimée & attachée pour modèle sous le contrescel des Presentes. A CES CAUSES voulant favorablement traiter ledit Sieur Exposant , Nous lui avons permis & permettons par ces Presentes de faire imprimer ledit Livre ci-dessus specifié en un ou plusieurs volumes , conjointement ou séparément , & autant de fois que bon lui semblera , sur papier & caracteres conformes à ladite feuille imprimée & attachée pour modèle sous notredit contre-scel ; & de le vendre , faire vendre & débiter par tout notre Roïaume pendant le tems de huit années consecutives, à compter du jour de la date desdites Presentes. Faisons défenses à toutes sortes de personnes de quelque qualité & condition qu'elles soient d'en introduire d'impression étrangere dans aucun lieu de notre obeïssance : comme auffi à tous Libraires, Imprimeurs & autres d'imprimer, faire imprimer, vendre, faire vendre, débiter ni contrefaire ledit Livre ci-deffus expofé, en tout ni en partie, ni d'en faire aucuns extraits fous quelque prétexte que ce foit d'augmentation, correction, changement de titre, ou autrement, fans la permiffion expreffe & par écrit dudit Sieur Expofant ou de ceux qui auront droit de lui, à peine de confifcation des Exemplaires contrefaits, de quinze cens livres d'amende contre chacun des contrevenans, dont un tiers à Nous, un tiers à l'Hôtel-Dieu de Paris, l'autre tiers audit Expofant, & de tous dépens, dommages & interêts. A la charge que ces Prefentes feront enregiftrées tout au long fur le Regiftre de la Communauté des Libraires & Imprimeurs de Paris, & ce dans trois mois de la datte d'icelles; que l'impreffion de ce Livre fera faite dans notre Roiaume & non ailleurs, & que l'Impetrant fe conformera en tout aux Règlemens de la Librairie, & notamment à celui du dixieme Avril dernier;& qu'avant que de l'expofer en vente le Manufcrit ou Imprimé qui aura fervi de copie à l'impreffion dudit Livre fera remis dans le même état où l'Approbations y aura été donneé, ès mains de notre très cher & feal Chevalier Garde des Sceaux de France le Sieur Fleuriau d'Armenonville Commandeur de nos Ordres; & qu'il en fera enfuite remis deux éxemplaires dans notre Bibliotheque publique, un dans celle de notre Château du Louvre, & un dans celle de notredit très-cher & feal Chevalier Garde des Sceaux de France le Sieur Fleuriau d'Armenonville Commandeur de nos Ordres, le tout à peine de nullité des Prefentes : du contenu defquelles vous mandons & enjoignons de faire jouir l'Expofant ou fes aians caufe pleinement & paifiblement, fans fouffrir qu'il leur foit fait aucun trouble ou empêchement. Voulons que la copie defdites Prefentes qui fera imprimée tout au long au commencement ou à la fin dudit Livre foit tenue pour duement fignifiée, & qu'aux copies collationnées par l'un de nos amés & feaux Confeillers-Secretaires, foi foit ajoutee comme à l'original. Commandons au premier notre Huiffier ou Sergent de faire pour l'éxecution d'icelles tous actes requis & néceffaires fans demander autre permiffion; & nonobftant clameur de Hâro,

Charte Normande & Lettres à ce contraires : CAR TEL EST
NOTRE PLAISIR. Donné à Paris le fixieme jour du mois de
Juin l'an de grace mil fept cens vingt-cinq, & de notre Regne
le onzieme. Signé par le Roy en fon Confeil,

,   C A R P O T.

J'ay cedé le prefent Privilege à Monfieur Jean-Baptifte
Guymond , pour en jouir fuivant le traité fait entre nous.
A Paris le feptiéme Juin 1726.

,   G I R A U D E A U   N E V E U.

*Regiftré enfemble la Ceffion fur le Regiftre VI. de
la Chambre Roïale & Sindicale de la Librairie & Im-
primerie de Paris nº 435. fol. 347. conformément au
Règlement de 1723. qui fait défenfes Art. IV. à toutes
perfonnes de quelque qualité qu'elles foient ; autres que
les Libraires & Imprimeurs , de vendre , débiter &
faire afficher aucuns Livres pour les vendre en leurs
noms , foit qu'ils s'en difent les Auteurs , ou autrement.
Et à la charge de fournir les Exemplaires prefcrits par
l'Art. CVIII. du même Règlement. A Paris le 7. Juin
1726.* MARIETTE , *Sindic.*